SUITES

A

BUFFON

PLANCHES

4 Livraison

INSECTES APTÈRES.

PARIS

A LA LIBRAIRIE ENCYCLOPÉDIQUE DE RORET,

Rue Hautefeuille, N.° 10 bis.

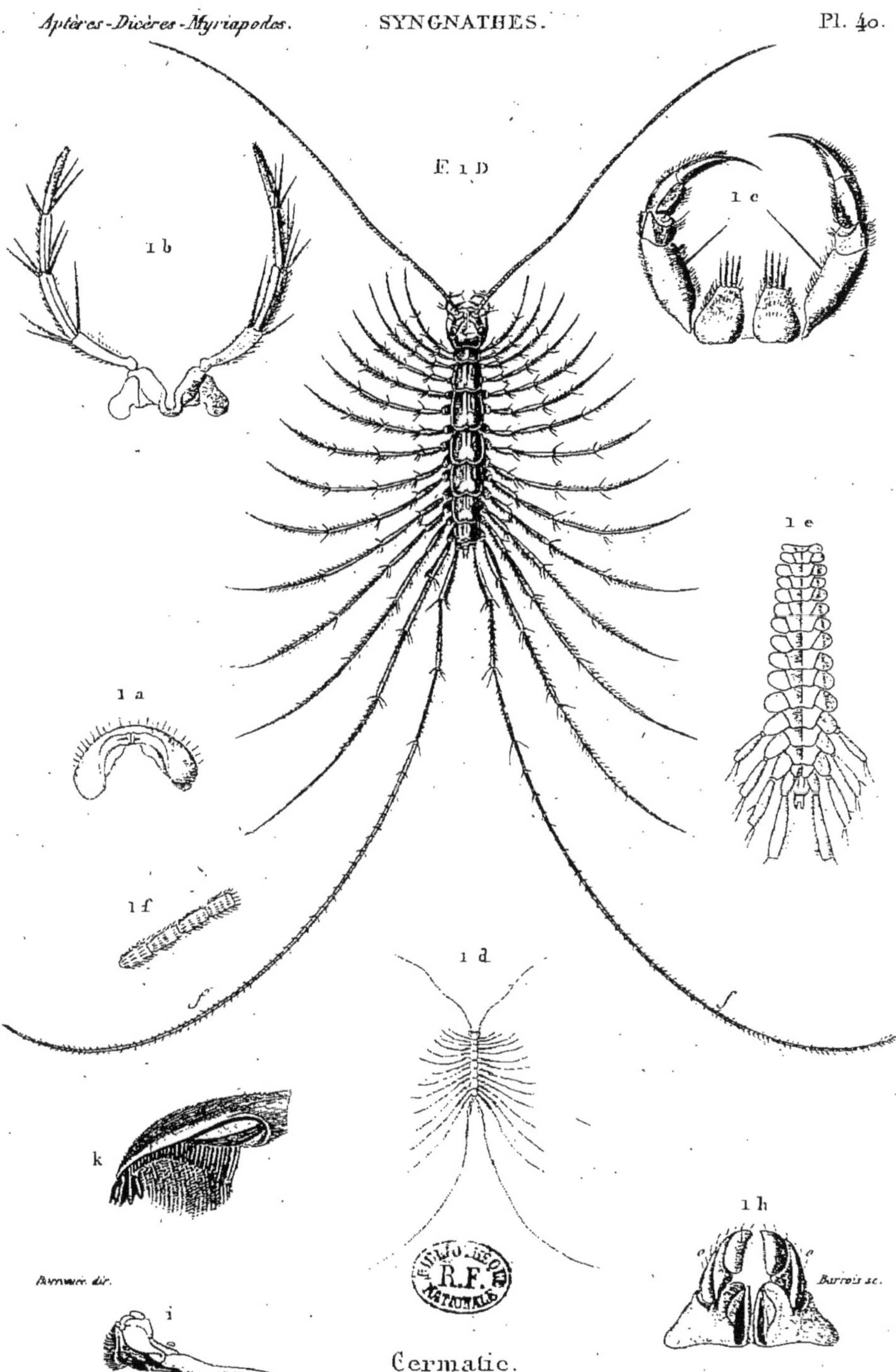

Cermatie.

Cermatie grêle. F. 1 D *un individu g.t* 1 d *le même de grand.r nat.* 1 e *l'abdomen vu en dessous sans les pattes.* 1 h *la bouche, e e première et seconde machoires réunies ensemble, formant une sorte de lèvre inférieure.* 1 b *première lèvre auxiliaire avec ses palpes.* 1 a *chaperon ou labre vu de face.* 1 c *seconde lèvre auxiliaire.* i *mandibule droite.* k *la même vue sous une autre face.* f f. *tarses des pattes postérieures grossis, avec une portion de ces mêmes tarses encore plus grossis.*

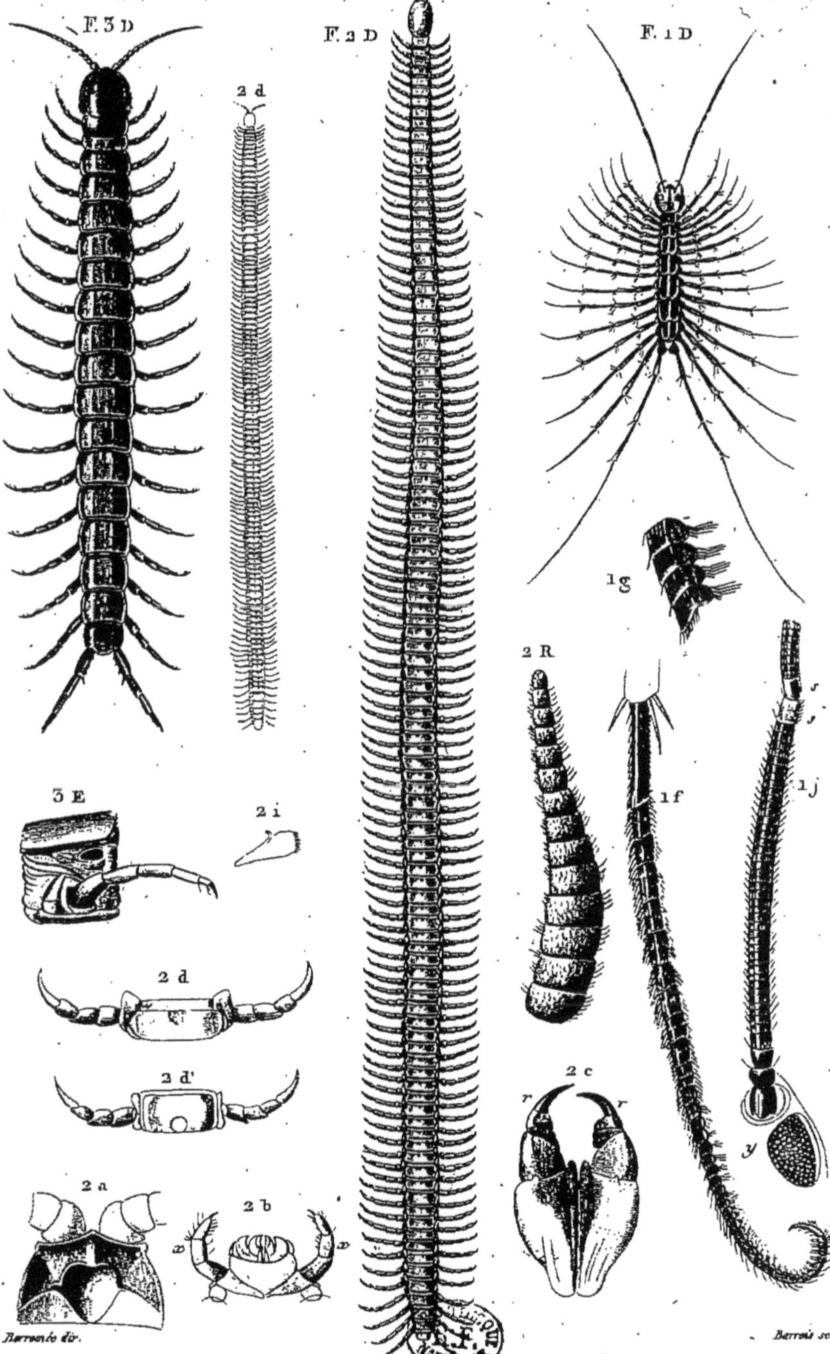

Barraband dir. *Barrois sc.*

Cermatie – Géophile – Scolopendre.

Cermatie Savigny. F. 1 D *un individu de grand.r nat.* 1 j *commencement d'une antenne grossie avec la partie de la tête où se trouvent les yeux.* y. *les yeux.* s.s. *les deux articles plus alongés de l'antenne.* 1 f *un des tarses.* 1 g *quatre des derniers articles du même grossi.* Géophile égyptien. F. 2 D *un individu grossi.* 2 d *le même de grand.r nat.* 2 c *lèvre ext.re avec ses forcipules (r et r) mobiles et percés.* 2 b *lèvre quadrifide ou auxiliaire dans sa position naturelle appliquée contre les machoires, avec des palpes (x et x) palpiformes.* 2 a *le chaperon ou le labre vu de face.* 2 i. *la mandibule droite.* 2 dd' *une des 1.res paires de pattes vue antér.t et intérieur.t* 2 R *une antenne grossie.* Scolopendre douteux. F. 3 D *un individu de gr.r nat.* 3 E *un segment du même grossi vu de côté auquel on a ôté une patte.*

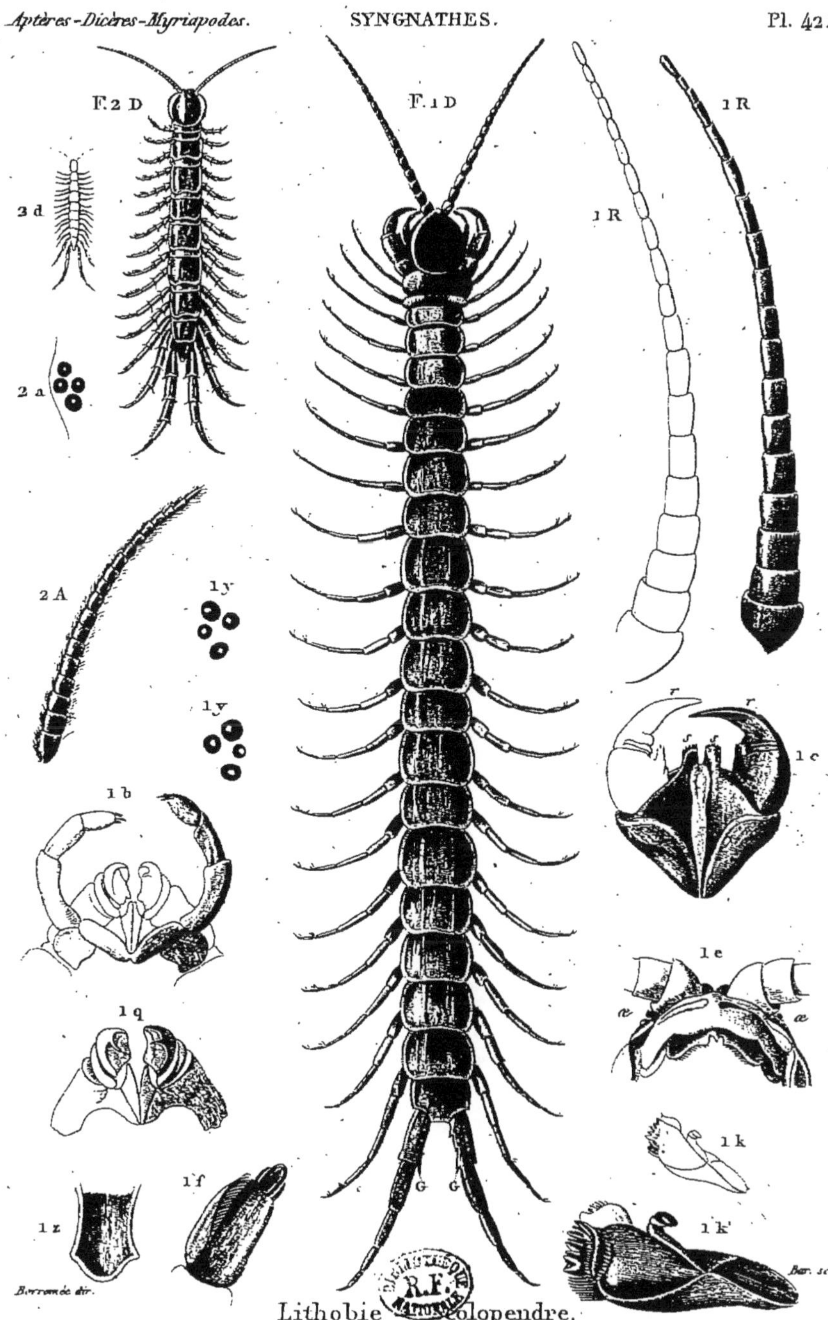

Lithobie — Scolopendre.

Scolopendre mordant. F. 1 D *un individu de grand.r nat.* G G *épine terminale.* 1 c *lèvre ext.re quadrifide garnie de ses forficules (r et r) et où l'on voit (s s) les deux divisions int.res dentées.* 1 e *labre ou chaperon vu de face (æ æ) deux des quatre yeux.* 1 k *une mand.le grossie.* 1 k' *la même plus grossie.* 1 b *une seconde lèvre int.re appliquée contre les machoires formées par la dilatation de la partie où la seconde paire de pattes est attachée.* 1 q *premières machoires unies aux secondes formant une lèvre inférieure composée.* 1 z *langue ou rebord du pharinx.* 1 y 1 y *les yeux de gauche et de droite.* 1 R 1 R *les deux antennes grossies.* 1 f *un tarse très grossi.*
Lithobie étroite. F. 2 D *un individu grossi.* 2 d *le même de grand.r nat.* 2 a *les yeux grossis.* 2 A *une antenne du même grossie.*

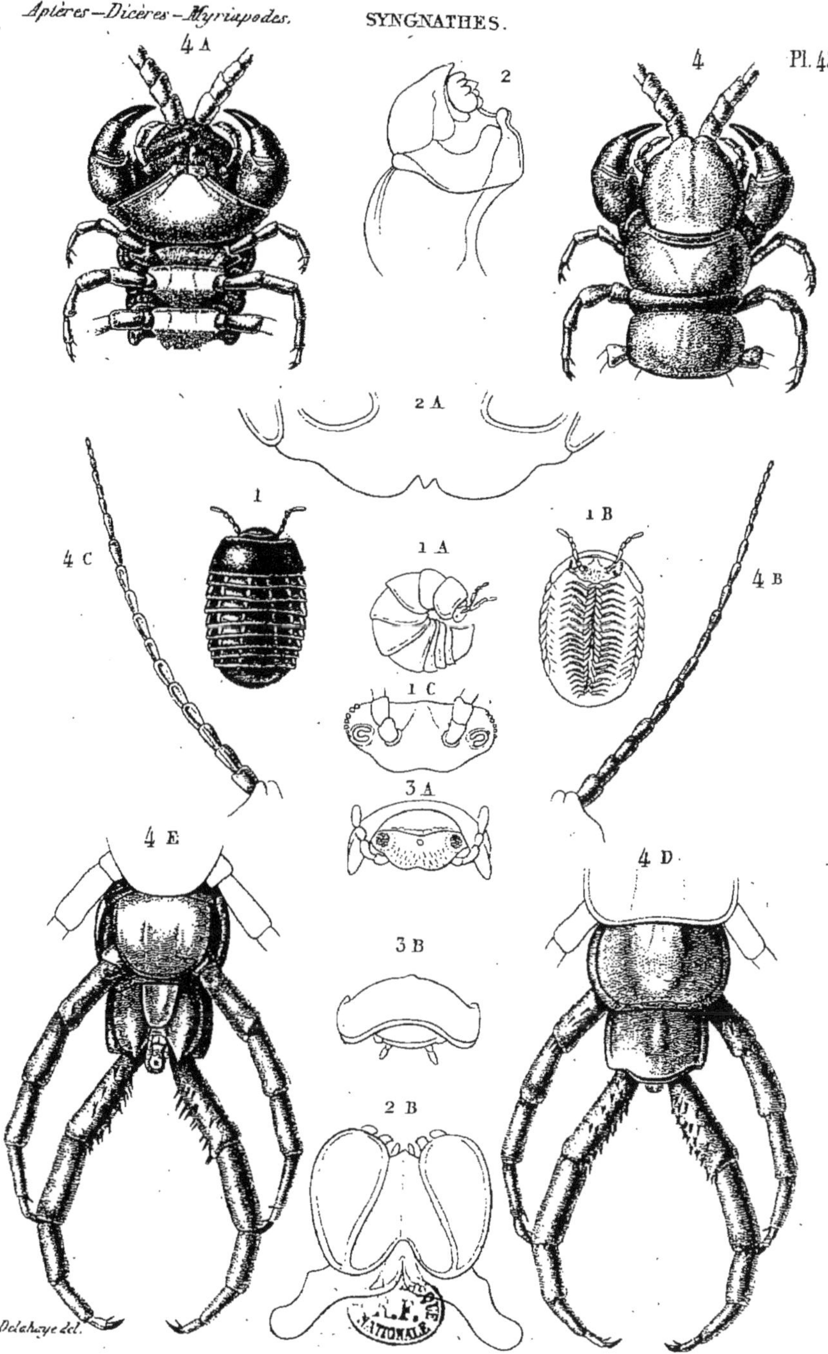

Glomeris — Scolopendre.

Glomeris marbré *plus grand que nature*: A *enroulé*; B *en dessous* C. *tête et yeux*. 2. Chaperon (A) *mandibule gauche* (2) *et lèvre inf. du* Gl. plombé 3 *tête et bouclier de* Zéphronie. Scolopendre insigne *de gr. nat.* A. *partie ant. en dessus*; A, *id. en dessous*; B *et* C. *antenne en dessus et en dessous*; D *et* E. *antenne en dessus et en dessous* D *et* E *partie postérieur en dessus et en dessous*

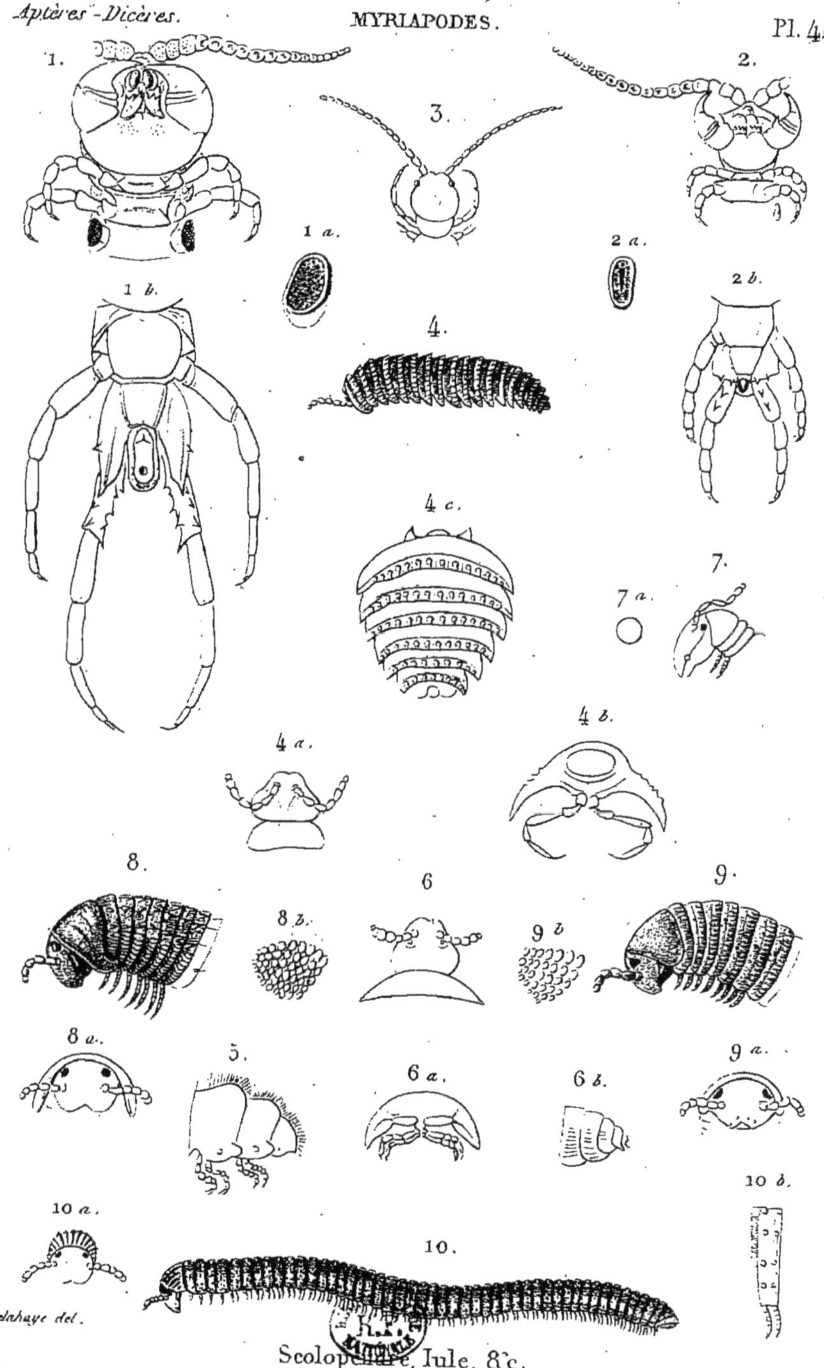

Delahaye del.

Scolopendre, Iule, &c.

1. Scolopendre cribrifère. F. 1. *en avant.* 1 *a. stigmate.* 1 *b. en arrière.* 2. Scol. de France. F. 2. *mêmes parties.* 3. Henicops chilien. F. 3. *tête.* 4. Oniscodème cloporte. F. 4. *de profil.* 4 *a. tête.* 4 *b. un segment.* 4 *c. segments postérieurs en dessus.* 5. Polydème grenu. F. 5. *extrémité postérieure.* 6. Glomeridème porcellion. F. 6. *tête.* 6 *a. un segment;* 6 *b. extrémité postérieure.* 7. Stemmiule bioculé. F. 7. *sa tête.* 7 *a. œil grossi.* 8. Iule de Blainville. F. 8. *en avant.* 8 *a. tête.* 8 *b. yeux grossis.* 9. Iule rose. F. 9. *en avant.* 9 *a. tête.* 9 *b. yeux grossis.* 10. Iule granuleux. F. 10. *entier grossi.* 10 *a. tête en avant.* 10 *b. un segment.*

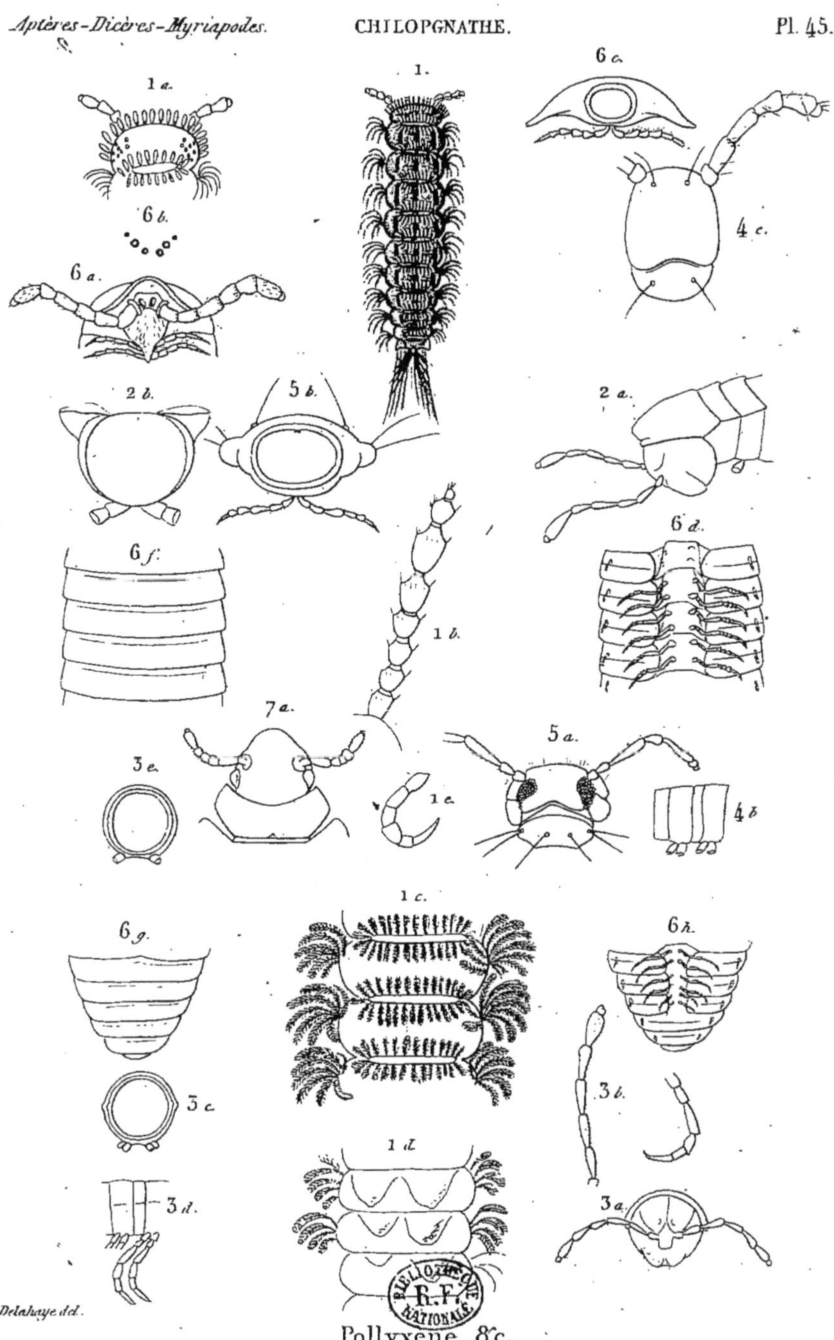

Delahaye del.

Pollyxene, &c.

Pollyxène lagure, F. 1. *très grossi.* 1 a, *tête,* 1 b, *antenne,* 1 c et d, *anneaux avec ou sans leurs poils,* 1 e, *patte.* Polydesme à diadême, F. 2. *détails grossis.* Polydé de Guerin, F. 3. *idem.* 3 c, *coupe du* P. cylindracé. Blaniule guttule. F. 4. *idem.* Craspédosome polydesmoïde, F. 5, *idem.* Platyule d'Andouin F. 6. *idem.* Platydesme polydesmoïde, F. 7. *idem.*

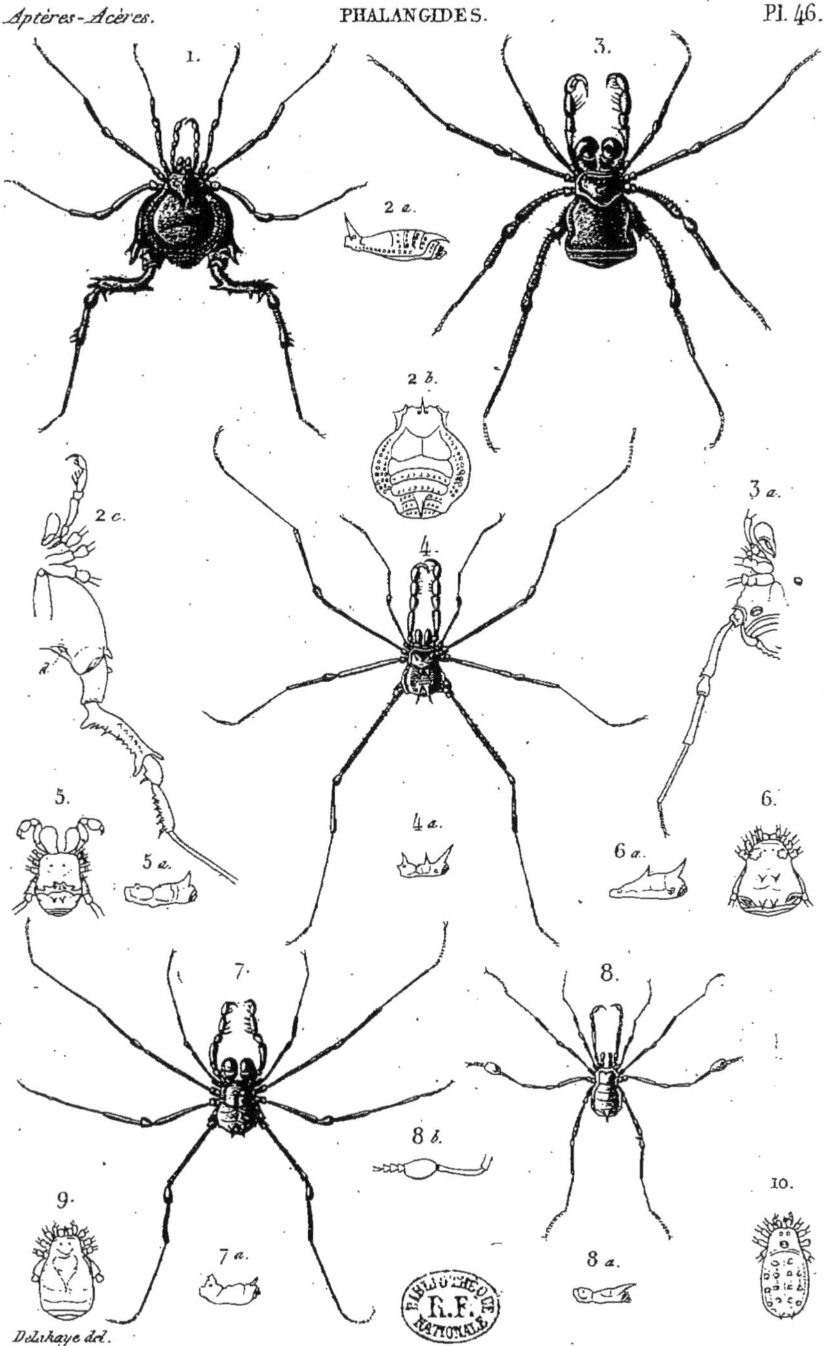

Delahaye del.

Gonylepte.

Gonylepte curvipède, F. 1, ♂ *de grandeur nat.* Gonyl. acanthure ♂, F. 2, *a. b. bouclier du céphalogastre. c, dessous du corps. d. stigmate.* Phalangode en-parure. F. 3. *de gr. nat. en dessous.* Goniosome cannelle. F. 4. *de gr. natur.le 4 a. profil du céphalothorax.* Cosmète ceinture-jaune. F. 5. *le ♂.* Cosm. quatre-œil F. 6. Goniosome chlorogastre, F. 7 Stygne vésiculaire, F. 8. *de gr. nat. 8, b. tarse de la 3e patte grossi.* Cosmète cœur, F. 9. Faucheur mamelonné, F. 10.

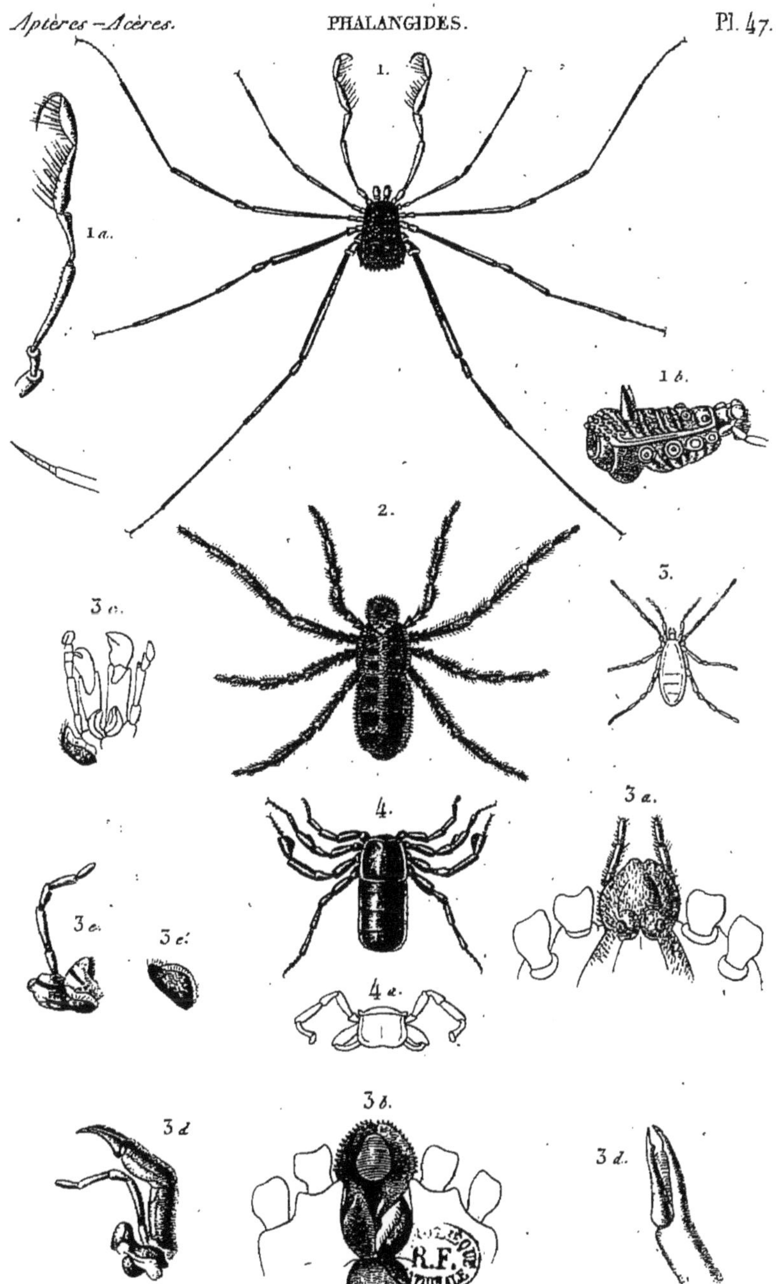

Prêtre et Guérin del. *Sebin sc.*

Goniosome — Trogule.

Goniosome ravisseur, F. 1, *de grandeur naturelle*, F. 1 a, *palpe grossi*, F. 1 b, *abdomen*. Trogule tricaréné, F. 2, *grossi*. Trog. népiforme, F. 3. *détails*, Crypto-Stemme de Westermann, F. 4, *grossi*, F. 4 a. *vu en avant*.

Aptères-Dicères-Hexap.des PARASITES. Pl. 48.

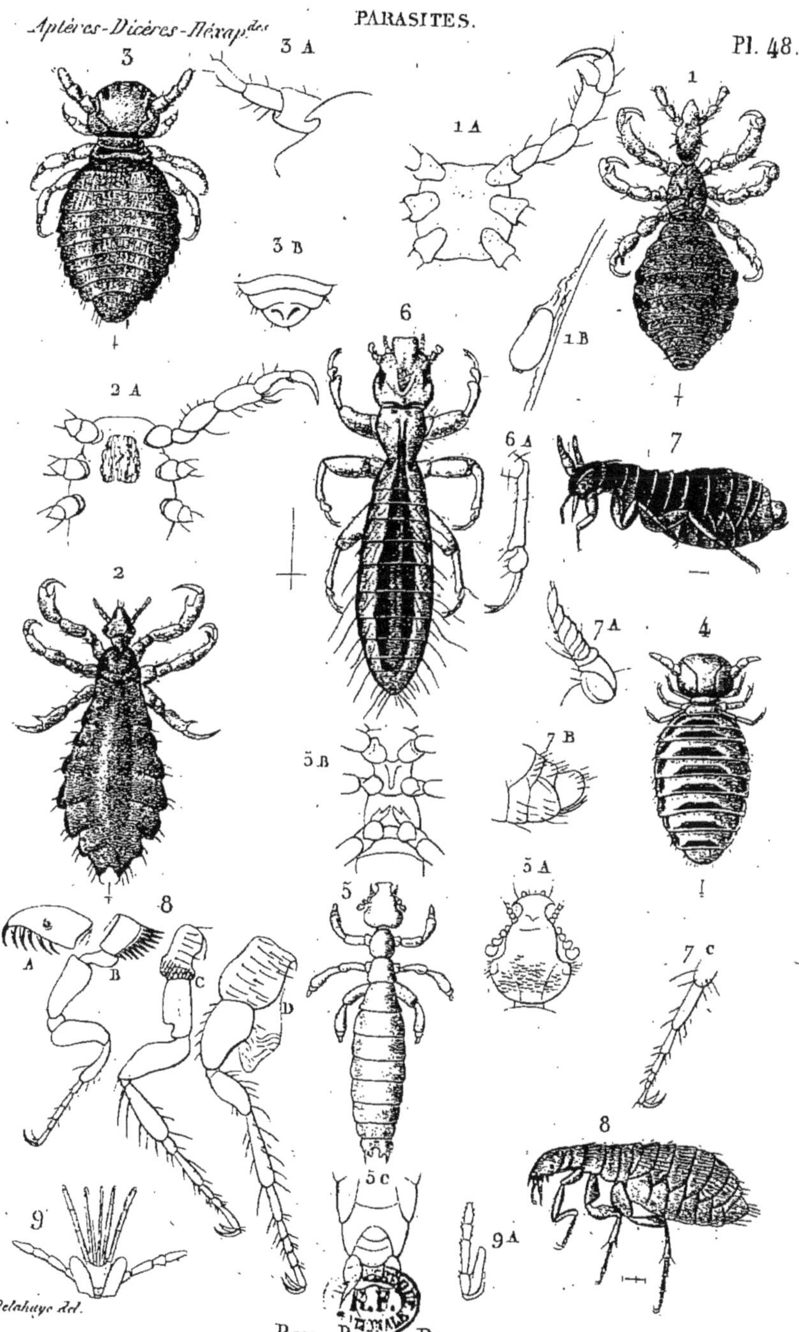

Pou, Ricin, Puce.

Pou des Singes. F. 1. *très grossi ; A. son thorax en dessous ; B, lente de ce pou.* Pou du Negre. F. 2. *A, son thorax en dessous.* Trichodecte élargi. F. 3. *A, antenne du* ♂ ; *B, extrémité postérieure de la* ♀. Tr. bordé. F. 4. Gyrope grêle. F. 5. *A, sa tête, B, thorax en dessous ; C. extrém. post. du* ♂. Liothée du Percnoptère, F. 6. *A, sa patte post.* Puce, du Pigeon. F. 7. ♂. *A, autenne ; B, extrém. de l'abdomen ; C, patte post.* P. serraticeps ♀. F. 8. *A. tête et œil ; B, C, D, pro-mes et méta-thorax avec leurs pattes.* 9. *bouche de* P. de l'Hirondelle.

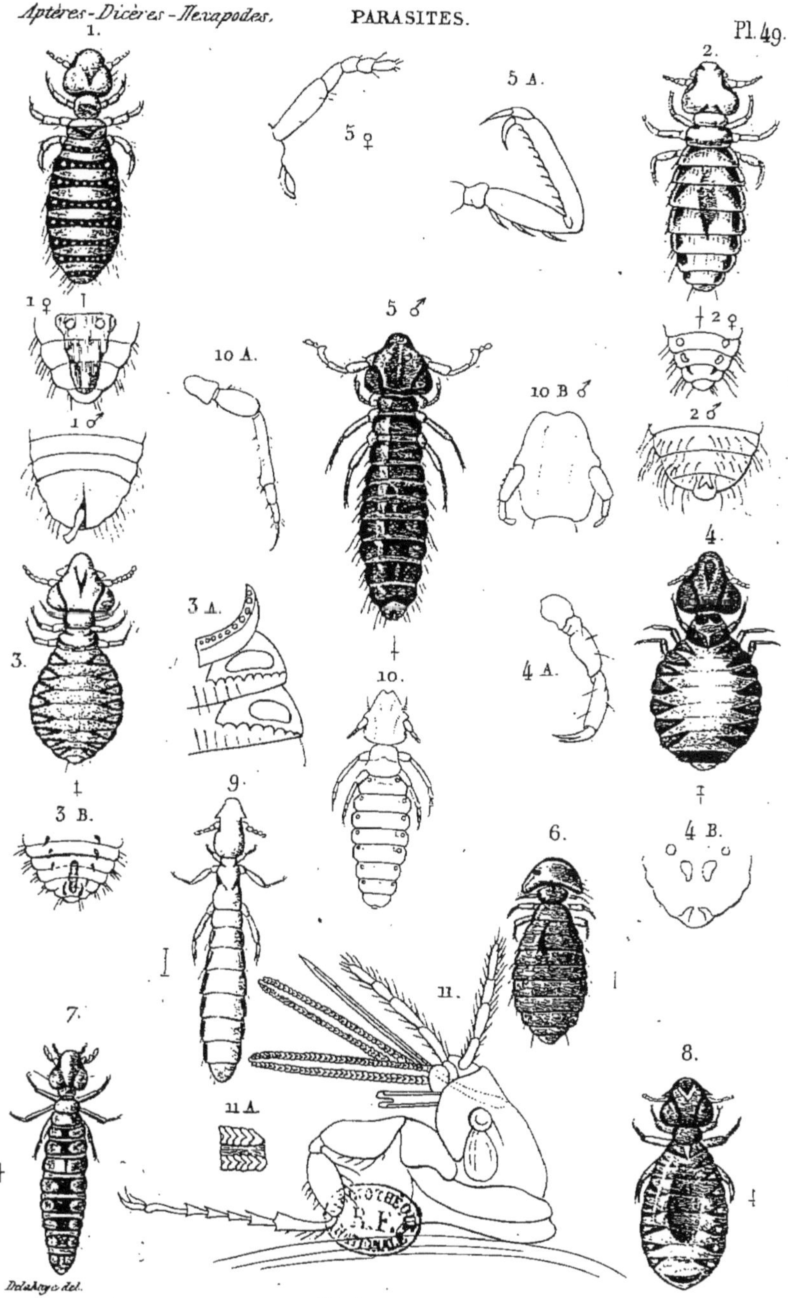

Ricins, &c.

Philoptère piqueté, F. 1. *abdomen du ♂ et de la ♀;* Ph. de l'Autruche, F. 2; Ph. porte-scies, F. 3; *partie de son abdomen en dessus.* Ph. triangulifer, F. 4; A, *sa patte post.,* B *extrémité inf. de l'abdomen.* Ph. staphylin. F. 5; *♂ et antennes de la ♀ ; A patte ant.* Liothée du Tadorne, F. 6, L. demi-deuil, F. 7. Phil. ceblébrache, F. 8; Ph. sali, F. 9. Trichodecte cornu, F. 10. ♀; A, *sa patte post.;* B, *tête du mâle.* F. 11, *tête et bouche de* Puce chique.

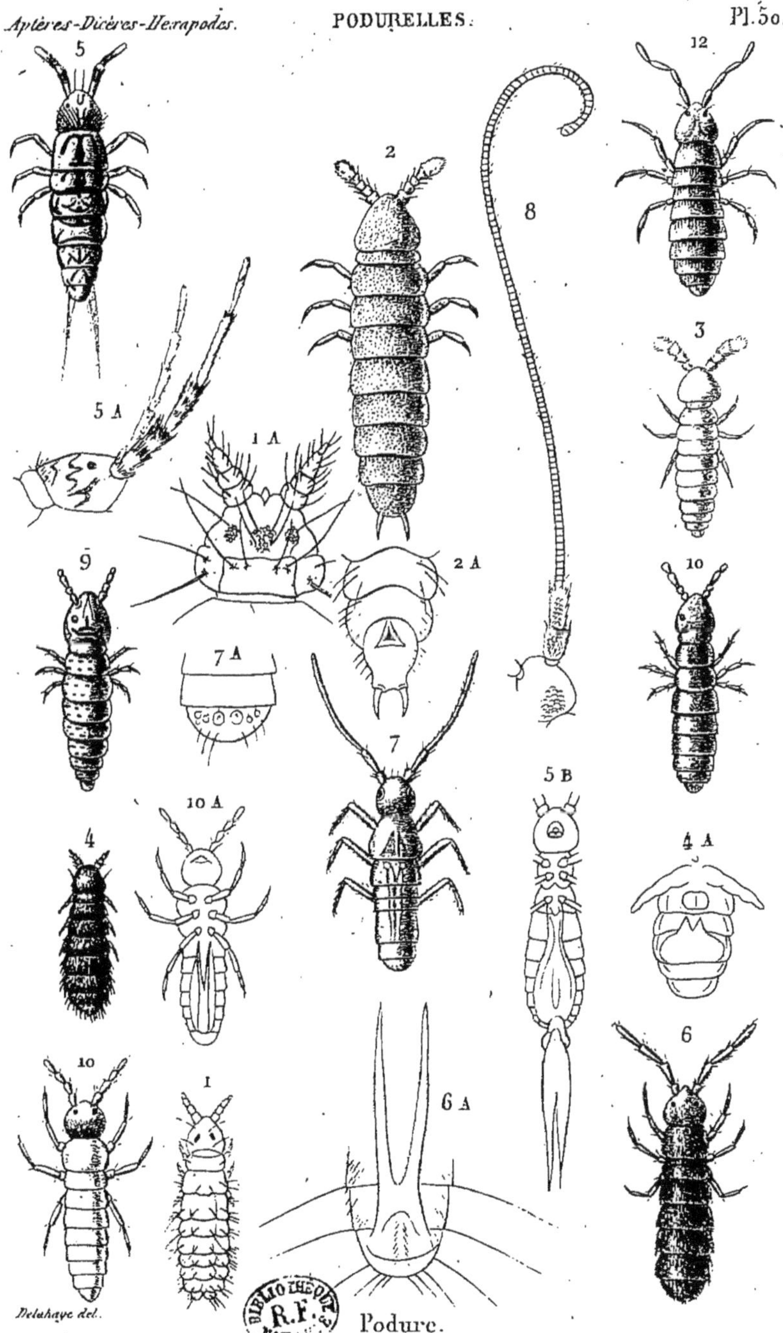

Delahaye del.

Podure.

Anoure tuberculé, F. 1, *grossi*. 1 A, *sa tête en dessus*. Lipure ambulante, F. 2; A, *extrémité post.re en dessous*. Lip. volvaire, F 3. Ochorute aquatique, F. 4; A, *abdomen en dessous*. Orcheselle histrion, F. 5; A, *ses antennes*; B, *corps vu en dessus*. Hetérotome vert, F. 6; Macrotome agile, F. 7; A, *extrémité de l'abdomen montrant quelques écailles*. Tête du Macr. longicorne, F. 8. Isotome spilosome, F. 9. Isot. puce F. 10. Isot. Desmarest, F. 11. Isot. Nicolet, F. 12.

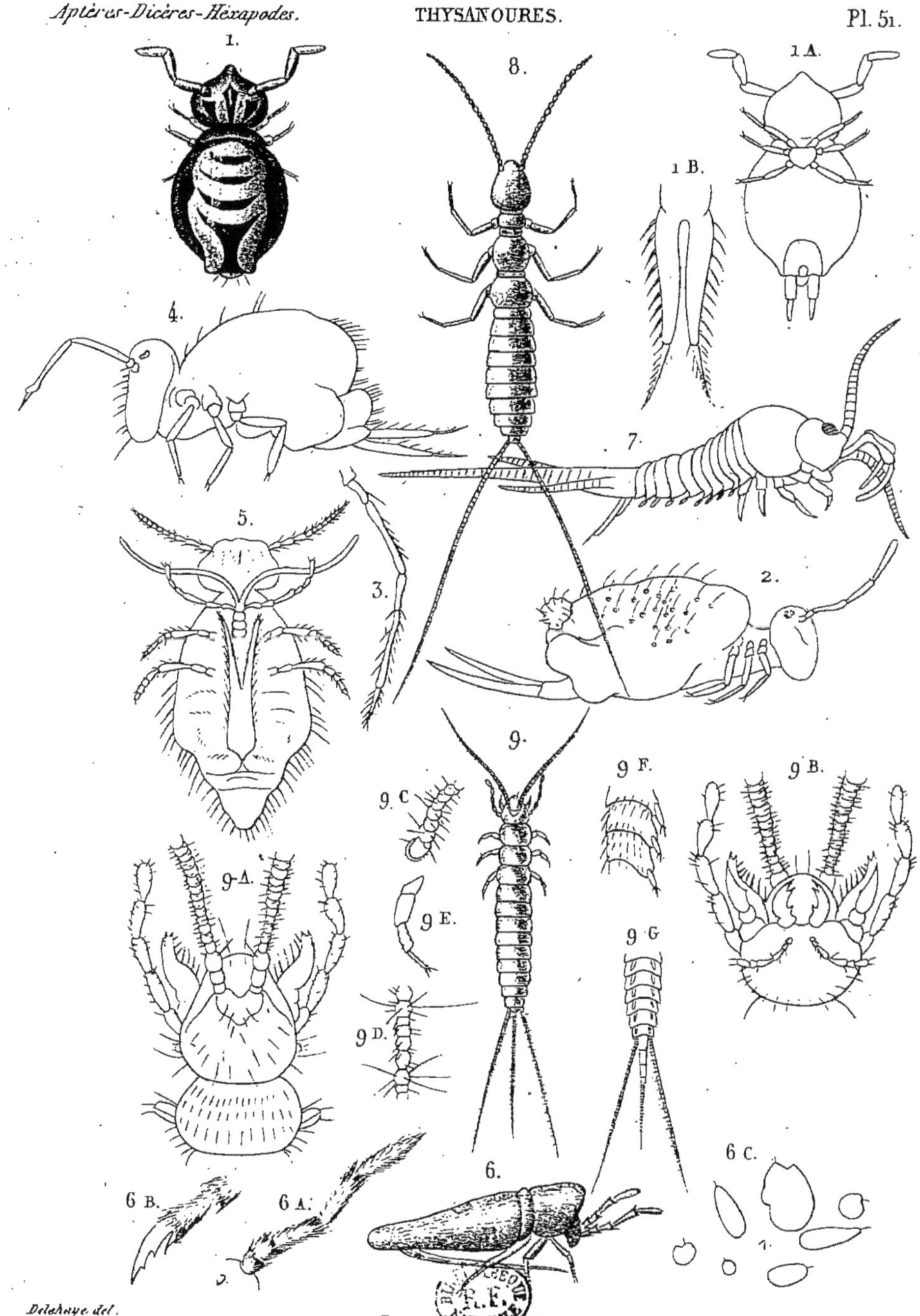

Delahaye del.

Smynthures, &c.

Smynthures, F. 1 à 5, *grossis, avec détails de diverses espèces.* Lepidocyrte curvicol, F. 6, *grossi* ; A, *antenne*, B, *tarse* ; C, *écailles.* Campodé staphylin, F. 8, *grossi.* Nicolétie botaniste, F. 9, *grossi* ; A, *tête en dessus* ; B, *id. en dessous* ; C et D, *portions d'antenne* ; E, *patte*, F, *articles abdominaux et leur appendices* ; G, *abdomen et filets terminaux.*

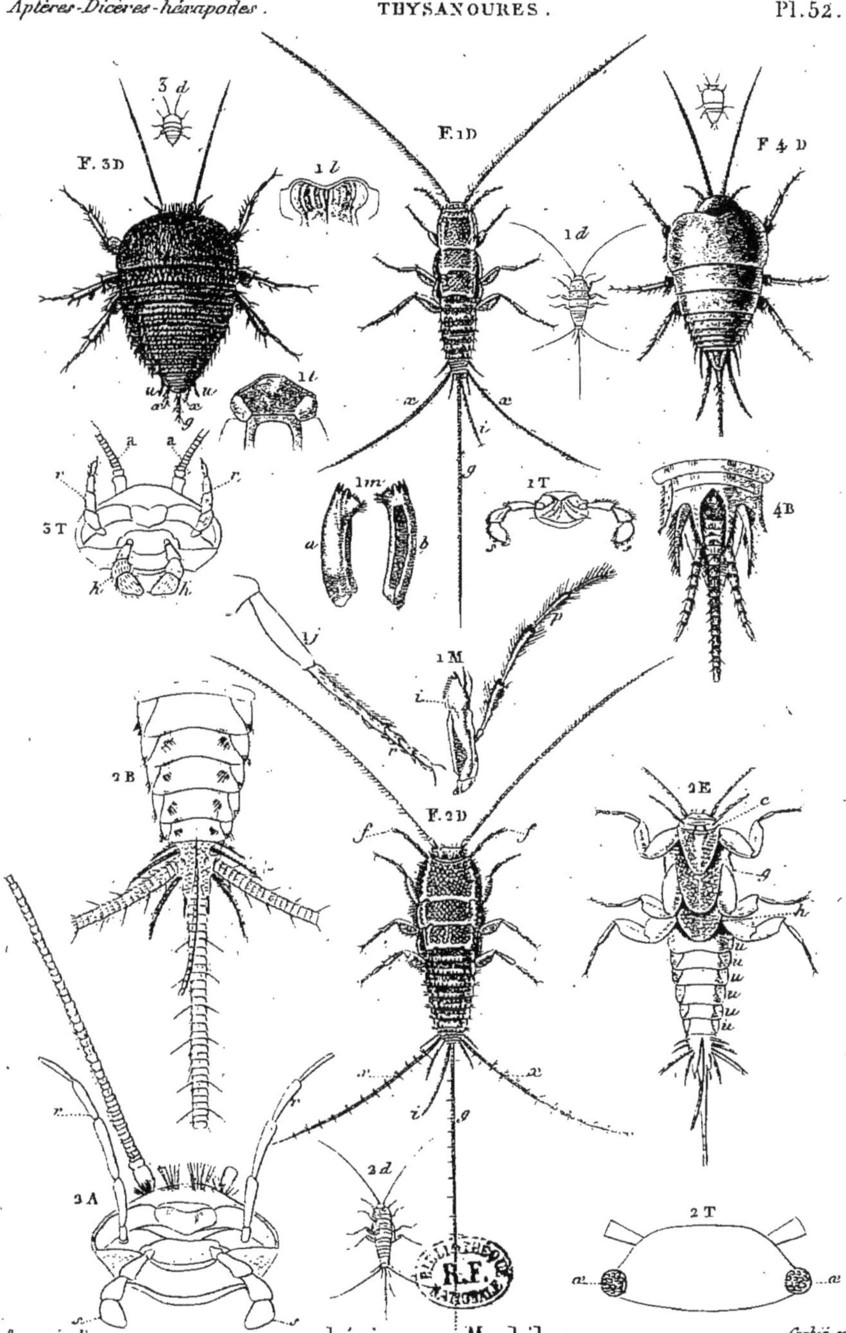

Borromée dir. *Carbié sc.*

Lépismes Machiles.

Lépisme Ablette F. 1 D *un individu grossi. x-x et g soies articulées. i le plus long des appendices mobiles. 1 d le même individu de grandeur naturelle. 1 l lèvre supérieure ou chaperon. 1 T. la lèvre inférieure. s-s les palpes labiaux. 1 M une machoire séparée. i l'extremité de la machoire. p le palpe maxillaire. 1 m. les mandibules séparées. a une mandibule vu du côté extérieur. b une mandibule vue du côté intérieur. 1 j la jambe. r le tarse. 1 l. la langue.* Lépisme aphie F. 2 D *un individu grossi. x-x les soies articulées latérales. g la soie articulée du milieu. i le plus long des appendices mobiles. f-f les palpes maxillaires. 2 d le même de grandeur naturelle. 2 E le même vu en dessous grossi. c le prothorax. g mésothorax. h le métathorax. u-u segmens. 2 T la tête. a-a les yeux. 2 A la tête vue en dessous. s-s les palpes labiaux. r-r palpes maxillaires. 2 B extremités du corps.* Machile granulée F. 3 D *individu grossi. u et u les appendices mobiles. x-x les deux soies articulées latérales. g la soie articulée du milieu. 3 T la tête. h-h les palpes labiaux. r-r les palpes maxillaires. a a commencement des antennes.* Machile lisse F. 4 D *un individu grossi. x-x les soies articulées latérales. g la soie articulée du milieu. u-u, u segmens de l'abdo-*

www.ingramcontent.com/pod-product-compliance
Ingram Content Group UK Ltd.
Pitfield, Milton Keynes, MK11 3LW, UK
UKHW020536230726
13925UKWH00005B/2316

9 782013 454674